U0321024

趣味线虫科普知识图册

（比）英格·德恒宁（Inge Dehennin）
（比）尼克·斯莫尔（Nic Smol）　　等著
（英）罗兰德·佩里（Roland Perry）

黄文坤　彭德良　薛　清　编译

中国农业科学技术出版社

小线虫，扮靓你的生活！

　　你们听说过蛔虫、蛲虫与线虫这些小动物吗？也许只有少部分人知道它们的存在，它们数量极多且无处不在：当你在海滩漫步时，脚下的沙滩上有线虫；当你在田间耕作时，种植的马铃薯中有线虫；当你在大海里游泳时，身边的水里有线虫……地球上几乎每一个角落，都可以发现线虫的踪迹。它们生活在温泉、沙漠、高山以及海洋最深处，甚至能生活在南极洲、其他动物(包括人类)的肚子里、抹香鲸的胎盘里……

　　有的线虫小到用显微镜才能观察到，有的线虫大到有几米长。它引起人们的注意，是因为有的线虫能对作物造成损失，有的线虫能引起人和动物发生疾病。

　　但是，现在线虫越来越受到生态学家和环境生物学家的重视。研究发现，不同种类的线虫对其所生存的环境压力有不同的生态反应，因此线虫可以用来监测环境污染时的生物学效应，还能测量水和土壤的质量、了解其变化过程。

　　这本由线虫学研究工作者编写的彩色绘本，用字母从 A 到 Z 串联起 26 个小故事，带你走进多彩的线虫世界，向你展示它们为什么如此可爱和有趣！

A 宇航员 (Astronaut)

当宇航员在太空中执行长期任务后，会出现肌肉萎缩的问题，对身体造成伤害。由于秀丽隐杆线虫易于研究，科学家们决定把这种小线虫送入太空，作为一种模式动物来研究太空飞行中肌肉萎缩的原因。

2003 年，美国哥伦比亚号航天飞机在返回地球大气层后发生解体并坠毁，研究人员在飞机残骸中发现携带的秀丽隐杆线虫竟然存活了下来。

2011 年，用这些秀丽隐杆线虫繁殖的后代被重新送入太空。它们被放入特制的细胞培养袋中，处于滞育状态。进入太空后，它们在食物的帮助下苏醒过来，并暴露在零重力环境下，时间为 4 天，最后进行冷冻，重返地球。在诺丁汉大学的实验室，科学家通过研究这些重返地球的线虫，发现其与肌肉有关的基因和蛋白质表达水平显著降低。

这一次，关于太空环境下宇航员肌肉萎缩的问题，终于得到了圆满答案。

B 沙滩 (Beach)

你是否觉得海边的沙滩看起来相当空旷，甚至毫无生机？

错了！不要被这种假象迷惑了。

其实，在你浴巾下面的沙子里就有无数条小线虫在蠕动。而当你用沙子建造一个长、宽各 5 米的城堡时，可能你已经惊扰了 5000 万条线虫！这些线虫并不仅仅是一个种，而可能是多达 50 个种！它们用肉眼很难观察到，以非常微小的藻类、细菌等为食，甚至互相取食。

对，这种壮观的场景就发生在你的浴巾下，就像在草原上看到狮子、羚羊和斑马等动物的壮观景象一样，只是线虫体型小很多。

C 堆肥 (Compost)

堆肥中其实蕴藏着无数的小生命！

细菌、真菌、螨类、弹尾虫、马陆、蜈蚣等正与线虫一起工作，降解废物，储存有益的营养物质。这些生物中有的体积非常小，你用肉眼根本看不到，必须借助放大镜或显微镜才能看清楚。

在园中放一个堆肥桶非常有用，可以将蔬菜、水果及其他废弃物制成有用的肥料。再将这些肥料施到土壤中，植物会生长得更好。

这是一种非常好的循环利用方式，对不对？

D 深海 (Deepsea)

在海底，一丝光线都没有。以至曾经有很长一段时间，人们认为那里没有任何生物。

然而，事实恰恰与此相反！在海洋的最深处，有着成群的发光水母、长着大牙的鱼、小螃蟹、海星及其他动物。线虫也很喜欢那里，它们具有特化的感觉器官——头感器，用来感知食物、朋友和敌人，因此，即使它没有眼睛也能在黑暗中生存。

海洋线虫数量众多，占小型底栖动物的60％~90％，在底栖食物链和生态系的能量流动中占重要位置，还有很多有趣的事情值得去探索！

小贴士：三文鱼、大马哈鱼、金枪鱼、鳕鱼、带鱼等深海鱼易被"臭名昭著"的异尖线虫感染。当人们生食海鱼或将鱼的内脏用于喂养畜禽以及其他动物时，最易造成感染，出现恶心、呕吐、急性腹痛等症状。

E 大象 (Elephant)

你知道线虫能让你的腿看起来像大象腿一样粗吗？

其实是因为腿部感染了一种小的寄生虫——丝虫。丝虫可寄居在人和动物的淋巴系统、皮下组织、体腔和心血管等，并阻塞管道，阻止体液排出，使皮肤与皮下组织增生，造成肿胀，使患者的腿看起来像大象的腿。

这种丝虫通过蚊虫叮咬传播寄生，严重时可以造成永久性的残疾，使人丧失劳动能力。

是不是觉得很恐怖？线虫竟然如此厉害？

11

F 化石 (Fossil)

在恐龙时代，线虫就已经存在了！

我们可以从史前松树形成的树脂中发现了线虫来证明这一点。当树脂从树上流下时，就有可能将小生物包埋，已变为化石的树脂通常被称为琥珀。

在琥珀中，线虫是最罕见的，因为它没有坚硬的外壳，很容易分解。但昆虫在琥珀中比较常见，科学家们在这些昆虫体内发现有线虫存在，说明在侏罗纪时代线虫就可以寄生昆虫。

我们不知道线虫的祖先是谁，但通过一些化石可以确定：线虫最早生活在海洋里。海洋线虫是线虫动物门中最原始的成员，淡水生线虫和陆生线虫都是由海洋向陆地演化，通过海洋线虫的祖先分化而来。

13

G 转基因生物 (Genetic Modified Organisms)

转基因生物：是指通过基因操作技术对遗传物质 DNA 进行重组、修饰，从而改变基因组构成的动物、植物、微生物等。

通过这种方式，可以使农作物增强对线虫或其他病原物的抵抗力，减轻病虫对农作物的危害程度，从而减少农药的使用量，更加有益于生态环境和人体健康。

将抗线虫的基因导入马铃薯中，可以使马铃薯孢囊线虫的发生量减少 80%。将苏云金杆菌毒素基因导入番茄，可以减少根结线虫的产卵量。未来还可以通过基因编辑技术，对植物基因组进行剪切或修改，使植物对线虫具有更强的抵御力。

H 顺风车 (Hitchhike)

　　有些线虫真的非常聪明！例如，松材线虫把天牛当作"顺风车"，可以从一棵树传到另一棵树。天牛取食产卵会在树上留下孔洞，而线虫则通过这些孔洞钻到树木输送水分和营养的通道中，那里很适合它们繁殖。没多久，就把这些通道堵塞了，造成了树木生病甚至死亡。被松材线虫感染后的松树，针叶黄褐色或红褐色，萎蔫下垂，树脂分泌停止，树干可观察到天牛侵入孔或产卵痕迹，病树整株干枯死亡，最终腐烂。

　　值得重视的是，正是这趟"顺风车"使得松材线虫病成为世界公认的毁灭性流行病害。松材线虫传播速度快，常常猝不及防；感病的松树死亡速度快，治理难度大。不仅给国民经济造成巨大损失，也破坏了自然景观及生态环境，对丰富的松林资源构成了严重威胁。

Ⅰ 昆虫 (Insect)

有些昆虫特别令人厌恶，它们在水果上蛀洞并且毁坏树木，所以被人叫作害虫。

幸运的是，有些线虫能帮助我们对付这些昆虫。当线虫处于幼虫阶段时，它们能够钻入昆虫幼虫体内。线虫携带的细菌能够在昆虫体内繁殖，为线虫提供营养。线虫也会在昆虫体内继续生长繁殖，数量可达到成千上万条，从而导致昆虫死亡。

这样，我们就可以利用线虫来消灭害虫、保护作物，而不使用化学农药，这种方式我们称为"生物防治"。

如将斯氏线虫悬浮液喷施于果园土表，桃小食心虫的蛹被寄生死亡率达 90％ 以上；用昆虫病原线虫防治高尔夫球场草坪中的蛴螬，对目标害虫的感染率达 75％ 以上；用昆虫病原线虫防治韭蛆，极大地降低了蔬菜上化学农药的使用量。

J 丛林 (Jungle)

　　动物寄生物通常具有一种复杂而精巧的生活史。它们甚至可以利用多种动物协助传播到达最终的寄主，并完成生活史。

　　最令人称奇的是一种生活在南美热带雨林中的寄生线虫。它们栖息于鸟粪中，当这些鸟粪被蚂蚁吃掉后，线虫随着鸟粪进入到蚂蚁的体内生长、繁殖，它们还能释放化学物质使蚂蚁的外观发生变化，腹部鼓胀并由黑色变成鲜红色，看起来就像一粒成熟的红色浆果！

　　而鸟类又很喜欢吃浆果，这种酷似浆果的蚂蚁绝对是一种巨大的诱惑。当鸟类把蚂蚁当作浆果吃掉后，这种寄生线虫又通过鸟粪继续传播，于是线虫通过这种方式巧妙地完成了其生活史。

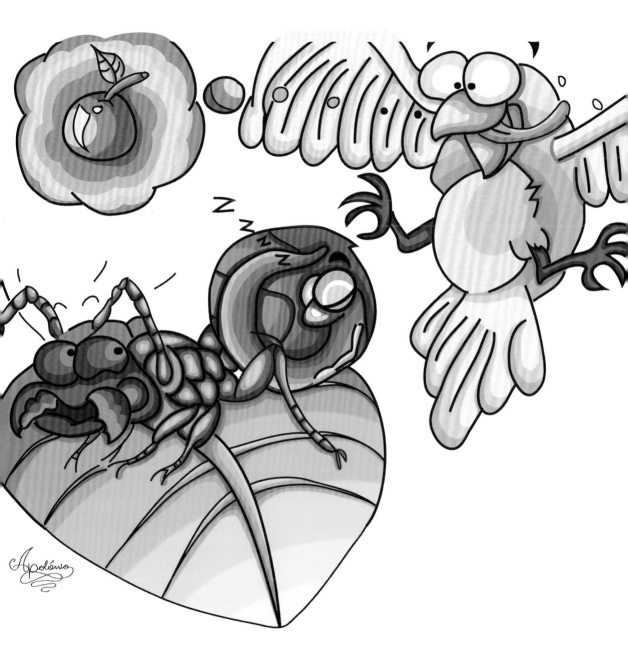

K 孩子 (Kid)

你屁股痒吗？也许你感染了蛲虫！

蛲虫感染在儿童中很常见。雌性蛲虫寄生在人的肠道里，晚上它们在肛门附近产卵。这是因为幼虫从卵里孵化时需要氧气，而当人熟睡后，肛门括约肌松弛，部分雌虫趁机爬出肛门，在附近的皮肤上产卵。

蛲虫的蠕动会引起屁股发痒，如果用手挠痒后再去触碰孩子的玩具，就会将手指上携带的虫卵传播到玩具上。当孩子将玩具放进嘴里时，虫卵就被吞进肚子里，进入肠道中寄生，于是孩子也感染了蛲虫。因此，孩子们，记得常洗手哟！

23

ㄴ 交配 (Love)

　　每一种线虫都有它们独特的交配方式。大部分线虫像人类一样，通过雌雄两性交配产生后代。

　　然而，有些线虫却是雌雄同体的，它们既是雌虫又是雄虫，可以同时产生卵子和精子，通过单个个体繁殖后代。

　　还有些线虫既可以通过雌雄同体的形式进行繁殖（自体受精），又可以与雄虫进行两性生殖（异卵受精），不过这种情况比较少见。

　　除了交配方式外，不同线虫在交配过程中的体态和运动方式也各不相同。例如，小杆类线虫的交配体态常常可以用来区分不同种类。

M 运动 (Movement)

　　线虫特别灵巧，它们大部分能像蛇一样通过肌肉收缩，呈波浪式移动。

　　有些线虫行动迟缓，而有些线虫则非常迅速。所以通过运动速度，甚至可以初步判断线虫的种类。一般来说，食细菌线虫运动速度较快，而动物或植物寄生性线虫运动速度较慢。

　　不同生命阶段的线虫，运动速度也有所不同。当线虫幼虫处于滞育阶段时，它们可以数天甚至数月一动不动。一旦恢复到正常阶段，又可以快速运动。

　　一些短粗的线虫具有长长的附肢，通过摆动这些附肢，看起来像毛毛虫在移动。

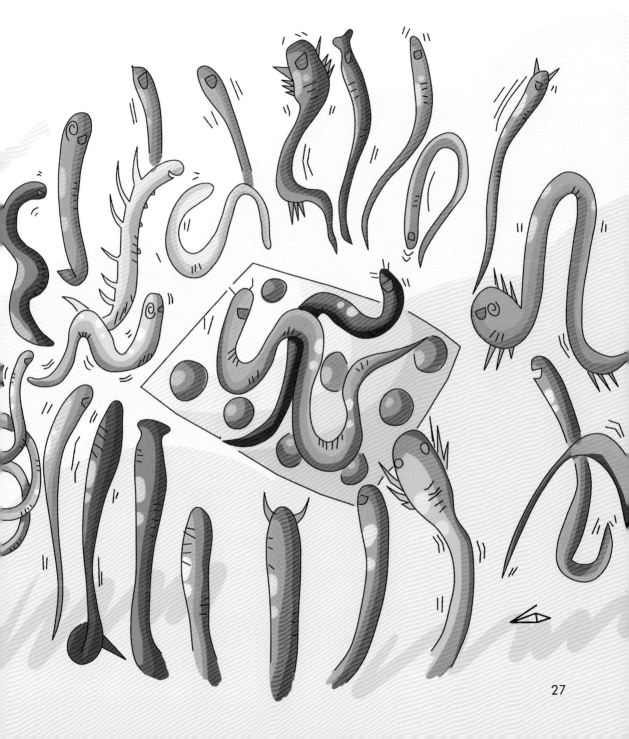

N 诺贝尔奖 (Nobel prize)

秀丽隐杆线虫是科学界特别有名的"模式生物"，因为对它的研究能帮助我们解答许多科学问题。例如，线虫的卵如何发育为成虫？线虫如何寻找食物？线虫如何蠕动？

20 世纪 70 年代起，科学家们开始以线虫为研究材料，揭示细胞凋亡现象及其机理。线虫研究开创了对现代生物医学发展举足轻重的全新领域，同时以线虫为基础的凋亡研究对基础和应用生物学产生了巨大的推动作用。

2002 年，卡罗林斯卡医学院的诺贝尔奖评选委员会将当年的生理和医学奖授予了线虫生物学的开拓者西德尼·布雷纳、约翰·萨尔斯顿和线虫凋亡之父罗伯特·霍维茨。

2002—2013 年，又有 6 位以秀丽隐杆线虫作为研究对象的科学家获得了 3 个诺贝尔奖！

29

海洋 (Ocean)

　　海洋对人类无比重要，但是，我们没有很好地照料它。各种油类、大量废弃物以及有毒物质被倒入海洋。这对生活在海洋中的动物造成了极其不利的影响。当油类污染海洋时，有毒的污物冲到岸上，这里面几乎所有的动物都死亡了，唯独线虫能够幸存下来。

　　迄今为止，线虫是海洋中数量最多的动物，且有很多不同的种类。科学家们发现，有些线虫对石油泄漏等污染特别敏感，但有些线虫抗污染能力很强，甚至有些线虫还可以对有毒的油类垃圾进行生物降解。因此，可以利用线虫了解海洋污染情况，也可以利用线虫去除污染，使海洋更清洁。

P 马铃薯 (Potato)

炸薯条、烤土豆和土豆泥，这些马铃薯制品大家都很喜欢。但你是否知道，线虫也很喜欢马铃薯？

在马铃薯的根部和块茎里，均可以观察到马铃薯孢囊线虫和根结线虫。这些线虫使马铃薯地上植株长势变差、地下部分产量降低，而且薯块的品质和外观性状受到严重影响，农户收入大打折扣。

孢囊线虫能使马铃薯减产 25％~50％，英国曾因该病流行，而建议农户改种其他作物。

根结线虫造成马铃薯表皮突起，外观变得非常难看，口感也变差很多，让很多农户的马铃薯根本卖不出去。

Q 检疫 (Quarantine)

有些线虫能使植物严重发病，造成蔬菜、水果或谷物减产。此外，有些观赏性植物也会受到线虫危害。

当某种危害性特别大的线虫还未在一个国家发生时，这个国家会尽一切努力防止这种线虫进入本国境内。例如，将这种线虫列入检疫对象名录，海关官员利用这个名录检查进出口的农林产品，一旦发现含有这种检疫性线虫，产品就要被销毁或者退回。

自 1965 年以来，中国农业部先后 5 次公布的进出境植物检疫性有害生物名录中，都含有植物检疫性线虫。近年来，全国各地检疫部门截获的检疫性线虫包括：苹果根结线虫、玻利维亚短体线虫、西班牙根结线虫等。它们主要依靠土壤、介质土及带根苗木等寄主植物材料的进出口调运进行传播。它们除直接危害作物外，还可与其他植物病原共同作用，形成复合侵染，诱发多种作物病害，造成减产，甚至绝收。

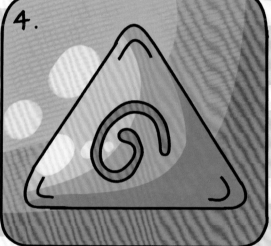

R 猎犬 (Retriever)

    狗的体内，会有许多线虫，如犬恶丝虫、肺蠕虫、钩虫、犬鞭虫。这些线虫可以通过母乳或者环境进行传播，它们生活在寄主的肠道、肺或者心脏中。

    通常，你不会发现狗身上有这些线虫，但病情严重时，狗会出现出血、呼吸困难和严重的体重减轻等症状。

    最好的办法是采用兽医推荐的药物进行日常除虫，这样可以及时杀死狗身上的线虫，保证狗健康地生活。

37

S 足球 (Soccer)

　　足球场的管理很精细，通常每天都要浇水，有的场地甚至有地下加热系统。植物寄生线虫就喜欢这样温暖潮湿的环境，它们嘴里有一个针状的取食结构，可以用来刺破草的根部组织并从中吸取汁液。这种线虫在草坪中大量出现，一个普通的足球场草坪中会有成百上千万条线虫。

　　通常线虫对草坪的损害是有限的，但如果线虫数量特别多，草坪上的草会出现黄化症状并逐渐死亡，最终足球场被彻底毁坏。对足球运动员来说，线虫很令人烦恼，反之则不然，足球运动员在球场上的活动却对线虫没有任何不良影响。

T 牙齿 (Teeth)

像小孩一样，线虫也要换牙。但是，线虫在成年前，通常需要换 4 次牙。不同种类的线虫，牙齿的样子不同，主要取决于它们吃什么。

有些线虫，如捕食性的单齿目线虫，它们的牙齿尖锐，可以用来取食其他土壤动物。

有些线虫，如矛线目和垫刃目线虫，它们只有一根针管状的口针，可以用来刺破植物根部组织并从中吸取汁液。

有些线虫根本没有牙齿，非常微小的细菌就是它们的美味佳肴。

U 独特风景 (Unique)

　　当看到右侧这幅画时，可以欣赏大自然的美丽风景：白色的沙滩、蓝色的大海、奔腾的河流、神秘的森林……甚至可以想象多种多样的动物或植物。

　　这些景象是什么并不重要，但所有的景象都有一个共同点：线虫生活在那里！仔细看看这幅画，画中的每一个景象都是某种线虫的生活环境，非常独特，对吗？

V 醋 (Vinegar)

醋线虫属于自由生活线虫，能够生活在酸性环境中：酸性湖泊、苹果、甚至醋里。它们体长 1~2 毫米，以苹果或者未过滤醋液中含有的醋酸杆菌为食。

醋线虫富含脂肪，并且很容易培养，是孔雀鱼最理想的鲜活食物。

你喜欢做试验吗？是否想尝试培养一下醋线虫？方法非常简单：只需要一个玻璃杯或者塑料瓶，在苹果醋或者普通的醋里面加一片苹果、一些水、用来覆盖的纸巾、咖啡滤纸，再就是一些醋线虫，这样你就可以开始试验了！祝您好运！

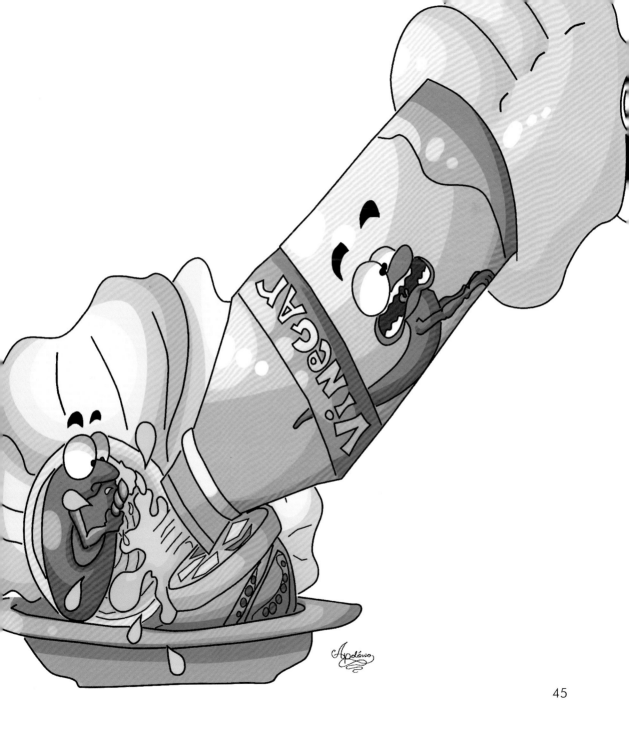

W 鲸鱼 (Whale)

你读过 19 世纪美国著名小说家赫尔曼·梅尔维尔创作的《白鲸》这本书吗？书中名为莫比·迪克的白鲸被描述成一头异常庞大、好斗又危险的抹香鲸，在海洋中制造了许多灾难。

当然，这只是一个故事，但抹香鲸确实是地球上最大的动物，它的体型比 2 辆公交车还要大。在这种鲸鱼中发现了世界上最大的线虫：体长近 8 米，直径达 2.5 厘米！它们在母鲸鱼的腹中，与幼鲸一起在胎盘上取食。

正是因为抹香鲸体型巨大，并且需要 15 个月去孕育幼鲸，所以这些线虫才会长得那么大！

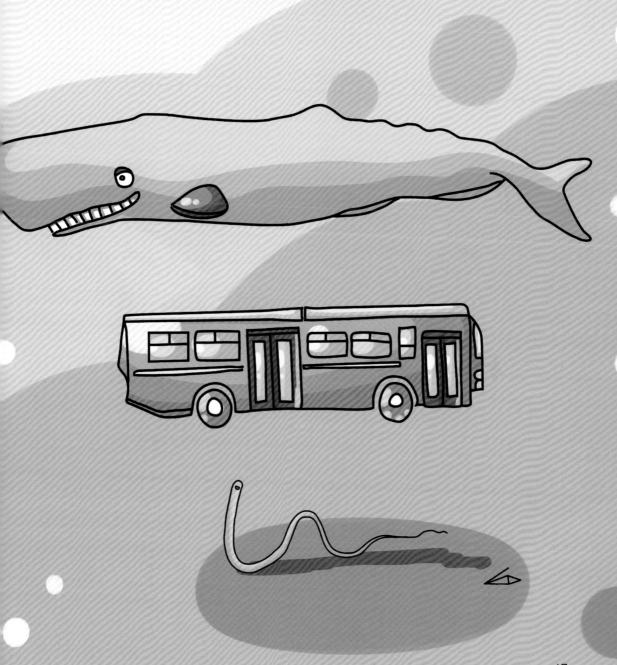

✗ 剑线虫 (Xiphinema)

剑线虫，多难理解的一个词！你知道线虫也有自己的名字吗？

在古希腊，Xiphin 的意思是"剑形"。剑线虫是植物寄生线虫，它有像剑一样的"牙齿"——口针，可以刺入植物取食营养，所以科学家们给它取名叫剑线虫。有的剑线虫可以携带病毒，通过取食传播给植物，导致植物生病。幸运的是，科学家与农场主已经知道如何避免植物生病。

剑线虫对植物的影响特别大，一旦传入到新发生地，所有带有剑线虫的植物要全部销毁，同批次的其他植物也要隔离种植一段时间，确认没有携带剑线虫后才能运送到其他地方种植。对于已经发生剑线虫的地块，通常需要使用防治线虫的农药进行多次处理后才能逐渐减轻它对植物的危害。

木薯 (Yam)

木薯的块根富含淀粉，是食品和工业淀粉的重要原料。在热带地区，木薯如同大米一样，是一种常见主食。

线虫特别喜欢吃木薯，它能够破坏木薯的整个根系，导致农户绝产绝收，无粮可吃。

有些线虫进入根系后，吸取汁液并在其中生长发育。成熟后的线虫变得肥大，并且大量产卵。当植物感受到线虫的存在就会产生反应，在根系表面形成瘤状的根结。这就是为什么大多数人都把这种线虫叫做根结线虫。

乙 斑马 (Zebra)

斑马跟马的亲缘关系很近，一个有趣的故事将线虫、斑马和马联系在了一起。

有一种体型非常小的线虫（大约 400 微米长），能够从伤口或者嘴鼻处进入斑马或马的体内。一旦进入，它们就能够钻进血管，随血液循环进入肾脏、肝脏和大脑，在肝里迅速繁殖，导致斑马或马死亡。

如果这种线虫病可以及时被发现，斑马或马预后良好。但是极少有人了解这种微小线虫的危害，并且它对药物具有很强的抗药性，所以可怜的斑马或马会因为不能得到及时有效的治疗最终导致死亡。

图书在版编目（CIP）数据

趣味线虫科普知识图册 /（比）格 – 德恒宁（Inge Dehennin），（比）尼克 – 斯莫尔（Nic Smol），（英）罗兰德 – 佩里（Roland Perry）著；黄文坤，彭德良，薛清编译 . —北京：中国农业科学技术出版社，2018.2

书名原文：Form A to Z, nematodes colour our lives!

ISBN 978–7–5116–3501–3

Ⅰ . ①趣… Ⅱ . ①格… ②尼… ③罗… ④黄… ⑤彭… ⑥薛… Ⅲ . ①线虫 – 青少年读物 Ⅳ . ① Q959.172–49

中国版本图书馆 CIP 数据核字（2018）第 020188 号

责任编辑　姚　欢
责任校对　贾海霞

出 版 者　中国农业科学技术出版社
　　　　　北京市中关村南大街 12 号　邮编：100081
电　　话　（010）82106636（编辑室）（010）82109704（发行部）
　　　　　（010）82109702（读者服务部）
传　　真　（010）82106631
网　　址　http://www.castp.cn
经 销 者　各地新华书店
印 刷 者　固安县京平诚乾印刷有限公司
开　　本　880 毫米 × 1230 毫米 1 /24
印　　张　2.5
字　　数　100 千字
版　　次　2018 年 2 月第 1 版　2019 年 1 月第 2 次印刷
定　　价　50.00 元

原著信息

IDEA,EDITING,DESIGN

Inge Dehennin, Nic Smol, Roland Perry

ILLUSTRATIONS

Daniel Apolônio Silva de Oliveira, Bart Braeckman, Alcides Sánchez-Monge

EDITING ILLUSTRATIONS

Inge Dehennin, Xue Qing

TEXT

Yao Kolombia Adjiguita, Daniel Apolônio Silva de Oliveira, Wim Bert, Bart Braeckman, Wilfrida Decraemer, Eduardo de la Peña, Lieve Gheysen, Toon Janssen, Tina Kyndt, Lidia Lins, Lisa Mevenkamp, Tom Moens, Dieter Slos, Nic Smol, Hanne Steel, Nicole Viaene , Wim Wesemael

PUBLISHED BY

Academia Press